AF336085

CONSEILS INDISPENSABLES

aux personnes

QUI ÉLÈVENT DES CHIENS,

suivis

DE LA MANIÈRE DE LES TRAITER
DANS LEURS MALADIES

PAR LA POUDRE

DU CHEVALIER D'ÉGOLED

***

SE VEND A PARIS,

CHEZ LEBRUN ET RENAULT

pharmaciens-droguistes,

Au magasin général des drogueries étrangères,

RUE DAUPHINE, N. 10.

1847

PARIS, IMPRIMERIE DE POUSSIELGUE,
rue du Croissant, 12.

CONSEILS INDISPENSABLES

AUX PERSONNES

QUI ÉLÈVENT DES CHIENS.

Le chien, par son intelligence, sa fidélité et les services qu'il nous rend, a droit à la protection et à l'attachement de l'homme : comme tous les animaux réduits à la domesticité, il est sujet à un grand nombre de maladies et a besoin de soins

bien entendus, surtout avant
d'avoir acquis toute sa croissance.

La chienne porte deux
mois ; le nombre de ses petits varie de un à quinze,
une chienne bien portante
peut en nourrir cinq. Mais
si l'on veut que les petits
soient grands et forts il faut
en laisser moins, les nourrir de bonne heure avec des
aliments animaux, leur pro-
curer sans fatigue de l'exercice au grand air, les coucher sainement, renouveler

souvent leur litière et leur donner de l'eau de bonne qualité. Si l'on désire au contraire que les chiens restent de petite taille il faut laisser plus de petits à la mère, leur imposer la réclusion, une chaleur artificielle et une nourriture légère. La robe sera alors d'une couleur plus claire et le poil plus fin.

NOURRITURE.

Les chiens d'appartement ou ceux qui sortent peu ne

doivent avoir qu'une alimen-
tation purement végétale et
sans sucre, du pain trempé
dans de l'eau et du lait ;
on doit les priver même de
soupe et de bouillon gras : ils
échappent ainsi à la maladie ou l'ont moins forte ,
leur poil est plus brillant, et
ils ne répandent pas de mau-
vaise odeur. Cette nourriture
ne saurait suffire aux chiens
qui chassent ou à ceux qui
prennent beaucoup d'exer-
cice au dehors ; il leur en
faut donner une plus subs-

tantielle, plus abondante, et mêler de la viande à leur pâtée.

PARTURITION.

Il est important de ne pas faire couvrir une chienne par un mâle beaucoup plus fort qu'elle, parceque les petits n'étant plus proportionnés aux organes de la mère, le part serait très laborieux et pourrait lui devenir funeste. Il est bon quelques jours avant qu'elle mette bas de lui faire prendre un paquet de *Poudre d'Egoled* ou un demi-paquet, selon la force de l'animal.

EXERCICE.

Presque toutes les maladies des chiens proviennent du défaut d'exercice aussi bien que des excès de nourriture. Pour un chien gras l'exercice doit être doux, mais longtemps continué ; pour un chien de chasse il peut être violent, et généra-ement pour tous la prome-

nade doit durer au moins
une heure par jour.

AGE.

L'âge du chien ne peut
pas être déterminé aussi fa-
cilement que celui du che-
val. Cependant voici les re-
marques que l'on a faites : les
dents incisives de la mâ-
choire inférieure perdent
ordinairement leurs pointes
à deux ans; à trois ans,
celles de la mâchoire supérieure; à cinq ans, celles des
côtés. A sept ou huit ans les

poils qui bordent les yeux deviennent gris ; à dix ou douze les yeux perdent leur lustre. Le chien vit de quatorze à dix-huit ans.

BAINS.

Comme soins de propreté le bain, surtout dans l'eau courante, est très utile aux chiens ; il n'est pas toujours aussi avantageux qu'on se le persuade, surtout quand l'animal devient vieux ; il produit fréquemment l'asthme ou les rhumatismes. Cepen-

dant on est obligé quelquefois de les laver avec de l'eau
de savon pour détruire les
puces. Il faut pour cela, si
les bains ne suffisent pas,
frotter les poils avec de la
résine en poudre. Ce re-
mède a souvent réussi. Ce
que nous disons du bain
ne s'applique pas aux es-
pèces de chiens aquatiques,
comme ceux d'Islande ou
de Terre-Neuve.

PROPRETÉ.

La propreté est indispensable pour la santé du chien. Il faut changer sa paille aussi souvent que possible, le peigner et le brosser de temps en temps; par ces moyens on évitera que les puces se multiplient trop, car il est à peu près impossible de les détruire complétement, et on préviendra ainsi la gale et les autres maladies de la peau. Un bon moyen de propreté est de les faire coucher sur des copeaux de bois de pin ou de sapin.

MALADIE OU GRIPPE DES CHIENS.

La maladie des chiens proprement dite est une affection considérée comme catarrhale qui est particulière à ces animaux, comme la gourme aux jeunes chevaux; peu de chiens y échappent entièrement. Ceux qui sont enfermés ont ce mal plus violemment que ceux de la campagne. L'époque de son invasion est l'âge de six mois à un an, plus ou moins; quelquefois elle est retardée. Jusqu'à deux ou trois ans elle est susceptible de revenir ; quelques chiens l'ont jusqu'à trois fois. Plus l'animal est jeune, plus la maladie est grave. Son principal siége est dans la tête. Elle se manifeste par un écoulement de mucosité par le nez et par les yeux, suivi souvent de mouvements convulsifs accompagnés de toux, de la perte de l'appétit et d'abattement des forces. Beaucoup de

chiens périssent ou languis-
sent fort longtemps, et parmi ceux qui ne succombent
pas un grand nombre reste
affecté de tremblements convulsifs. Une expérience de
quarante-cinq ans nous a
prouvé l'efficacité de la *Poudre d'Egoled* dans cette grave
affection. On en fera pren-
pre au chien malade tous les
deux jours pendant une
huitaine un paquet chaque
fois, de la manière indiquée
à la fin de cet opuscule ; on
le privera de nourriture ani-

male, et on le mettra à l'usage du pain et du lait sans l'exciter à manger; on évitera qu'il ait froid. Pour boisson on donnera du sirop de gomme dans l'eau. Les sétons ne méritent pas les éloges qu'on en a fait; ils ne servent qu'à affaiblir le malade. Les emplâtres sur la tête sont aussi parfaitement inutiles. Les soins après la maladie doivent être continués encore quelque temps, parceque les rechutes sont très fréquentes.

RAGE.

Ce mal est incurable : aussitôt qu'un chien en est attaqué il faut le détruire. Les symptômes ne paraissant pas tous à la fois, il n'est pas facile de donner des signes positifs pour la reconnaître. On remarque d'abord des changements dans le caractère de l'animal, de la singularité dans ses manières, quelques écarts dans ses habitudes. Un des premiers signes de la maladie consiste dans l'action de laper son urine. Les yeux sont tantôt plus vifs et plus rouges, tantôt plus ternes, selon que la rage doit être furieuse ou muette. La voix change de ton et devient quelquefois hurlante. Le chien enragé n'a pas toujours horreur de l'eau, l'ardeur de la fièvre excite au contraire sa soif; aussi le voit-on suivre les cours d'eau, mais le spasme et la tuméfaction des parties de l'arrière-bouche l'empêche de boire. Le plus souvent il ne se détourne pas de son chemin pour mordre. Cependant il est traître, se laisse caresser, et mord tout d'un coup. Il ne donne qu'un coup de dent, et se sauve. Chacun sait qu'après la morsure d'un chien enragé il faut essuyer la blessure, la laver, y placer des ventouses et cautériser le plus promptement avec un fer rougi à blanc. Le temps qui s'écoule entre la morsure d'un chien enragé et le développement de la maladie chez le chien qui a été mordu varie entre trois ou huit semaines; mais il serait bon de prendre encore des précautions durant deux ou trois mois pour être sûr de prévenir tout accident.

LA GALE.

Très commune parmi toutes les espèces de chiens, cette affection reconnaît pour cause, lorsqu'elle n'a pas été donnée par un autre chien, une nourriture trop forte, trop salée, une litière froide et humide. Elle se montre tantôt sur le dos, tantôt aux cuisses et aux articulations ; on la distingue en sèche ou humide : le traitement est le même pour les deux. On commencera par changer la nourriture peu à peu, jusqu'à ce qu'on soit arrivé à ne donner que du pain et de l'eau. On renouvellera la paille tous les jours. On tiendra l'animal parfaitement propre ; on le frottera tous les soirs ou tous les matins pendant une heure, avec la main munie d'un gant, avec le mélange d'une partie de fleur de soufre et deux parties de graisse de porc. Enfin tous les trois jours on lui donnera un paquet de *Poudre d'Egoled* jusqu'à la guérison ; après quoi on lui fera prendre quelques bains d'eau de son. Le même traitement sera suivi pour les maladies des oreilles.

VERS.

Les jeunes chiens y sont

sujets pendant toute leur
croissance, les autres plus
rarement. Quand ils en sont
atteints ils maigrissent, ils
ont un appétit vorace ; le
ventre est gros et tendu. L'a-
nimal, quoique conservant
sa vivacité, dépérit. Ses os
se décharnent, le bout du
nez devient froid et l'haleine
fétide. Quelquefois il rend
des vers dans les excré-
ments. Le traitement est
bien simple, et consiste à
donner tous les trois ou
quatre jours un paquet de

Poudre d'Egoled. Il faut aussi mettre du sel commun dans les aliments, mais pendant peu de temps seulement, parceque l'usage continu pourrait déterminer la gale.

RHUMATISME.

Après la *maladie* des chiens et les vers, le rhumatisme est l'affection la plus fréquente chez ces animaux.

Le rhumatisme est presque toujours accompagné

de constipation, et il a tous
les caractères du lombago
chez l'homme : cependant il
ne change pas habituelle-
ment de place comme chez
celui-ci, il reste au point où
il s'est déclaré. Il se fixe au
tronc, au dos, aux extrémi-
tés postérieures et aux parties supérieures des mem-
bres. Les parties affectées
sont très douloureuses au
toucher; l'animal se traîne
plutôt qu'il ne marche, et
jetant parfois des cris aigus
ou plaintifs. Le ventre est

chaud ainsi que le nez, le pouls accéléré, la bouche sèche; souvent il y a paralysie partielle ou presque générale.

Si la maladie présente de suite à son début une certaine gravité, il faut mettre le chien dans un bain chaud, auquel on ajoutera de cent à deux cents grammes de sel de soude, selon la quantité d'eau employée; on le frictionnera de temps en temps dans l'eau, il faudra bien le sécher, l'envelopper

dans une couverture et le
placer auprès d'un bon feu;
on lui donnera alors un paquet de poudre, et on renouvellera ce traitement tous les
jours jusqu'à la guérison.

Mais la plupart du temps
l'usage de la poudre tous les
deux jours suffit, mais en
augmentant un peu la dose
pour guérir le chien, et on
est pas obligé d'avoir recours
à ces bains qui, par les précautions qu'on est obligé de
prendre, sont quelquefois
très difficiles à administrer.

La seule précaution à prendre est de les préserver de l'humidité et du froid.

CONCLUSION.

Les personnes qui veulent conserver leurs chiens en bon état devront tous les ans, à l'approche des chaleurs, leur faire prendre deux ou trois doses de *Poudre d'Ego-led*; il sera bon aussi avant l'ouverture de la chasse d'en administrer un peu. Cette précaution aura l'avantage de les dégraisser, de leur donner de l'appétit et de les mettre à l'abri de l'asthme que quelques chiens gagnent dans les premiers jours de la chasse, surtout si le temps est pluvieux ou humide. En général toutes les maladies des chiens et autres animaux seront guéries ou soulagées par la *Poudre d'Egoled*, telles que les ulcères, les rhumatismes, l'asthme, les rhumes, la constipation, la fièvre, les coliques, etc., et ce remède a constamment réussi, même dans les cas où d'autres avaient été employés inutilement.

DOSE ET MANIÈRE D'EMPLOYER LA POUDRE ET L'OPIAT D'É-GOLED.

On mêle la *Poudre* avec un peu de miel ou de beurre, ou même de pâtée pour les chiens difficiles, et on enduit de ce mélange la lèvre supérieure (les chiens ne manquent jamais de l'avaler en le léchant pour se débarrasser la lèvre et les naseaux);

ou bien on prend l'animal entre ses genoux, et on lui ouvre la gueule d'une main tandis que de l'autre on fait entrer la dose nécessaire par petites portions, et on ne le lâche que lorsque le remède est dégluti. On en fait de même pour l'*Opiat*.

DOSE.

Un paquet fournit une dose convenable pour un chien d'une taille ordinaire; pour les petits chiens on ne donnera que la moitié d'un paquet; pour les chiens très forts il faudra donner deux paquets.

Le prix est marqué sur chaque paquet de *Poudre*, ainsi que le cachet destiné à prévenir toutes contrefaçons.

FIN.

PRIX DE LA POUDRE:

80 centimes le paquet, ou 90 centimes la dose de trois paquets.